百读不厌的科学小故事
[韩] 具本哲 主编

寻找

声音!

[韩] 徐智云 [韩] 赵显学 著
[韩] 林惠景 绘

张雨晴 译

上海科学技术文献出版社
Shanghai Scientific and Technological Literature Press

未来的人才是创意融合型人才

翻阅这套书，让我想起儿时阅读爱迪生的发明故事。那时读着爱迪生孵蛋的故事，曾经觉得说不定真的可以孵化出小鸡，看着爱迪生发明的留声机照片，曾想象自己同演奏动人音乐的精灵见面。后来我亲自拆装了手表和收音机，结果全都弄坏了，不得不拿去修理。

现在想起来，童年的经历和想法让我的未来充满梦想，也造就了现在的我。所以每次见到小学生，我便鼓励他们怀揣幸福的梦想，畅想未来，朝着梦想去挑战，一定要去实践自己所畅想的未来。

小朋友们，你们的梦想是什么呢？由你们主宰的未来将会是一个什么样的世界呢？未来，随着技术的发展，会有很多比现在更便利、更神奇的事情发生，但也存在许多我们必须共同解决的问题。因此，我们不能单纯地将科学看作是知识，为了让世界更加美好、更加便利，我们应该多方位地去审视，学会怀揣创意、融合多种学科去思维。

我相信，幸福、富饶的未来将在你们手中缔造。

东亚出版社推出的《百读不厌的交叉科学小故事》系列与我们以前讲述科学的方式不同，全书融汇了很多交叉学科的知识。每册书都通过生活中的话题，不仅帮助读者理解科学（S）、技术（TE）、数学（M）和人文艺术（A）领域的知识，而且向读者展示了科学原理让我们的生活变得如此便利。我相信，这套书将会给读者小朋友带来更加丰富的想象力和富有创意的思维，使他们成长为未来社会具有创意性的融合交叉型人才。

韩国科学技术研究院文化技术学院教授　具本哲

无法用肉眼看到　却将世界变得更美好

人们生活在声音中。虽然看不到，声音却一直在我们的身边陪伴着。睡觉的时候、吃饭的时候、走路的时候、和朋友们一起玩耍的时候，我们会发出声音，也会听到声音。

如果声音消失的话，世界会变成什么样呢？没有声音的世界不只是安静，一定还会很无聊、很压抑。没有音乐调动情绪，也不能用声音表达喜悦或是悲伤。另外，听不到声音的话，更没有办法聊天，那么就只能靠写字或是画画来表达自己的想法和感情，这将会多么压抑啊？遇到危险的时候，要是听不到声音，就没有办法在眼睛看到之前先一步察觉迫近的危险。

如果声音真的消失，耳朵就会变得毫无用处。这样一来，人体的构造便可能会随之改变，说不定耳朵会渐渐变小乃至消失。

那么，声音到底为什么重要呢？

这本书讲述的是这样一个故事：作曲家盖顿有一天突然失去了声音，所以他开始寻找声音，最终成为真正的音乐家。

来，现在我们要和盖顿一起邂逅音乐之神，对声音和音乐展开全面的了解。

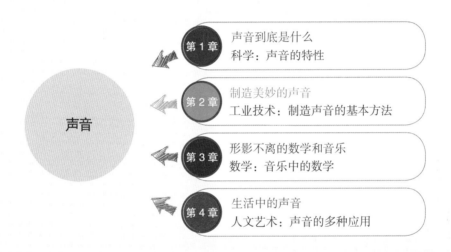

各位朋友，不要忘记，此刻的我们正在听着声音——通过振动的物体、气流以及各种介质向我们耳朵传送的声音！声音是珍贵的，它让我们的生活变得更美好、更丰富。

徐智云　赵显学

目　　录

第3章　形影不离的数学与音乐

第4章　生活中的声音

第 1 章

声音到底是什么？

声音消失了

　　盖顿先生是一位大器晚成的作曲家。他每天都在排练厅里和演奏者们一起练习，梦想着有朝一日能成为一名**优秀的音乐家**。

　　有一天，盖顿先生爱上了一个名叫艾加的女人，并决定向她求婚。于是，盖顿先生想要创作出一首世界上最动听的曲子，在艾加生日的那一天，让乐团演奏给她听。但他着手谱曲时，却一点灵感也没有。

　　"唉，还是出去透透气吧。"

　　盖顿先生走出了排练厅。然而谁知，沙沙的风响、吱吱的虫鸣

和潺潺的溪流，这些平日里熟悉的声音，他一样也听不到。他的耳朵就像被耳塞死死地堵住了一样。惊慌之余，盖顿先生连忙跑回了排练厅。

"盖顿先生！你的脸色好**苍白**啊。"

还好，还能听到乐手说话的声音。

"没什么。来，赶快奏一曲吧！"

"现、现在吗？"

乐手们丈二和尚摸不着头脑，但还是开始了演奏。可没想到，盖顿先生的脸色变得更**苍白**了。因为他的耳朵根本听不到乐队演奏的声音。

只能听到人说话的声音，其他什么声音都听不到了！

盖顿先生"**扑通**"一声跌坐在椅子上。

盖顿先生没有告诉任何人他听不到声音的事。如果作曲家连声音都听不到了，那还有谁会请他谱曲呢？要献给艾加的乐章又该怎么办才好呢？

盖顿先生眼前一片迷茫，一心只想着：要赶快找回声音才行。不管三七二十一，他冲出排练厅，去寻找声音，但是周围却依旧很安静。

"声音到底去哪儿了！"

盖顿先生**急得都要哭了**。就在这时，树丛间突然蹿出一个白色物体，在盖顿先生面前嗖的一闪而过——好像是一个人身上蒙着窗帘。

那到底是什么？是有人在捣鬼吗？

盖顿先生跟在那个白色物体后面，**百思不得其解**。就在这时，前方突然有一辆大卡车向这里驶来，白色物体似乎没有看到卡车，莽撞地往前冲。眼看"他"就要撞到卡车上了，盖顿先生赶忙将其一把拽住。卡车飞驰而过，有惊无险。

"多危险啊！"盖顿先生大声喊道。

这时，白色物体脱掉身上罩着的东西说："我没事，你可能没听到，我当时听到喇叭声正准备躲呢。"

扯掉身上罩着的白布，眼前出现了一位戴着假发套的男子。只见男子下身穿着一条灯笼裤，上身穿着一件镶宝石的背心，腰间还系着一条闪闪发光的装饰腰带。他就像是从古老的贵族肖像画里走出来的一样。

"你怎么知道我听不到声音？那你知道我为什么听不到声

音吗?"盖顿先生小心翼翼地问道。

这时,男子对他说:"快,先给我鞠个躬。"

"鞠躬?"

"哼,在音乐之神海顿面前,你胆敢不屈膝鞠躬?"

"您是交响乐之父——海顿吗?"

"没错,我就是被称作**音乐之神**的音乐家海顿。"

一头雾水的盖顿先生觉得这个名字和自己的名字有几分相似,便把自己的名字告诉了海顿先生。

"名字相似也是缘分,我就收你当徒弟吧。能拜我这样伟大的音乐家为师,这是你的荣幸,咳咳。"

声音是振动

　　盖顿先生只想着无论如何也要重新听到声音，于是**问道**："音乐之神，您知道我为什么听不到声音了吗？"

　　"这个以后再说。我先问一个问题：你了解声音吗？"

　　"声音？人说话的声音、汽车引擎轰鸣的声音、动物的叫声、风声还有水声，我们的身边有很多种声音。"

　　"那么，一直存在于我们身边的声音！他们到底是什么呢？声音是怎么产生的呢？"

　　"对哦，这我倒是没有想过。但也没必要知道啊？"

　　"是啊，你还是个学徒，所以不知道也情有可原。要想了解声音，首先要知道波是什么，这可是非常难的。"

　　"波？"

　　"声音其实是从一个地方产生的振动，逐渐向周围扩散开。想象一下，向一个平静的池塘里扔一块石头，石头'扑通'一下掉进水里，接着会怎么样？"

　　盖顿先生闻言联想起来。一片平静的湖面上，圆圆的水波向外荡漾的情景浮现在他的脑海中。

往水里扔了一块石头，没想到圆圆的水波一圈圈向外扩散。

制造波动

准备器材 | 透明胶带，签字笔，100 根吸管

实验方法

① 取一条 1.5 米长的透明胶带，将有黏性的一面朝上，将其两端固定。用签字笔以 1.5 厘米为间隔，在透明胶带上画标记点。

② 将吸管的中点与标记点相贴。

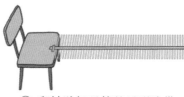

③ 翻转贴好吸管的透明胶带，使吸管朝下，并将透明胶带固定在两个椅子中间。

④ 用手拨动一端尽头的吸管，然后观察透明胶带上吸管的运动轨迹。

实验结果 | 每支吸管在原位旋转。吸管的波动沿着透明胶带逐渐传播扩散，较好地模仿了声波扩散的样子。

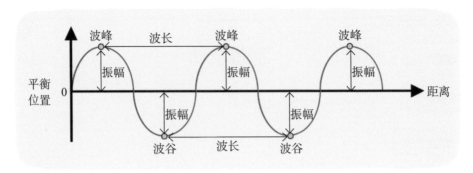

波的图像
振动的最高点叫作波峰，最低点叫作波谷。从平衡位置到波峰或波谷的位移的绝对值叫作振幅。从一个波峰到其相邻的波峰或者从一个波谷到其相邻的波谷的距离叫作波长。

"我明白波是怎么回事了，然后呢？"

听盖顿这么一问，音乐之神狠狠地瞪了他一眼。那眼神充满了杀气，吓得盖顿先生不敢直视。

"你有没有用手摸过把音量调得很大的音箱，去感受音箱的振动？"

"当然有过。"

"那你观察过弹吉他时吉他弦的振动吗？"

"当然啦。"

"那你试过说话的时候把手放在喉咙处，去感受喉咙的**振动**吗？"

"当然。像这样，随时都能感觉得到。"

盖顿先生将手放在咽喉处，"啊"了两声，感到了细微的振动。

"没错，就是这样。"

传播声音

准备器材 | 纸杯、弹簧

实验方法

① 两个人各自握住一个纸杯。一个人对着纸杯讲话，另一个人将纸杯放在耳边听是否有对方的话音。

② 感受在拉紧电话线和放松电话线时对话声音的不同。

③ 将纸杯电话的电话线换成弹簧重复实验步骤①②。

实验结果 | 声音可以通过线传播，声音也可以通过弹簧传播。当线或弹簧放松时，声音不能很好地传播。其原理如同吉他弦放松时，吉他无法发出准确的音调。弹簧纸杯电话比线纸杯电话传播的声音更响。

"什、什么？"

"无论是空气、乐器，还是喉咙，都是通过振动发出声音的。声源就是振动的物体，声音就是从那里出发的，不振动就没有声音！"

"那么，是所有的东西只要振动就会出声，就能被我们听到吗？"

音乐之神十分坚决地**摇了摇头**说："物体振动了，就会发出声音。但是我们要想听到声音，还需要可以传播声音的介质。"

"那么，我只要找到传播声音的介质就可以了吗？"

盖顿先生话音刚落，音乐之神便露出一副**无奈**的神情："你知道科学家罗伯特·波义耳吗？"

"我是作曲家，怎么可能知道科学家？"

音乐之神感到无趣至极，只得接着说："波义耳把电铃装置放进钟罩，试验在钟罩内没有空气的情况下，我们能否听到电铃响。"

"波义耳为什么要做这样的实验呢？"

"因为他想找到传播声音的介质。"

盖顿先生恍然大悟："原来是这样啊。"

"波义耳开启电铃，发现铃声即使隔着钟罩，一样十分响亮。然后，他把钟罩里面的空气一点一点抽走，观察电铃声的变化。你猜结果怎么样？"

"空气和声音毫无关系，结果当然还是可以听到铃声的呗。"

"你可真是不会举一反三啊，徒弟。"

音乐之神告诉盖顿先生：空气变少，电铃声也随之变轻。到最后，将钟罩里的空气全部抽出，则完全听不到电铃的声音。

"为什么没有空气就没有声音呢？"

"因为没有了空气，玻璃瓶里就没有能传播声音的介质了。

"所以空气就是传播声音的介质吗？"

"没错，**正是如此！**"

“咦？在没有空气的太空中，完全听不到声音吗？”

“是啊。你终于学会举一反三了。”

盖顿先生一听没有空气就听不到声音，吃惊得不得了。

“在电影里，宇航员踏上月球表面的时候，真的发出了‘哐’的声音。”

“所以说是电影啊。实际上，太空中绝对听不到脚步声。因为太空里没有空气这个介质，不会产生振动，就根本没法儿听到声音。”

这时，盖顿先生突然发觉有一点让他感到很**好奇**：声音只能通过空气传播吗？

“不，不仅是空气，声音还可以通过土、木头这样的固体来传播。”就在盖顿先生犹豫要不要问这个问题时，音乐之神已经抢先说了出来。

盖顿先生惊讶得瞠目结舌，仿佛想问音乐之神是怎么看穿的。音乐之神则得意扬扬地说，谁让他是音乐之神呢。

"把耳朵贴在地上能清晰地听到脚步声，把耳朵贴在木质墙壁上能听到邻居的说话声，正是因为土和木头都是声音传播的介质。"

"对哦，我听说，以前猎人会把耳朵贴在地上听动物移动的声音以开展狩猎。那在水里能听到声音吗？在水中说话，好像什么声音都听不到……"

"你看过花样游泳运动员随音乐在水中做各种各样的动作吧？"

"是啊！我在电视上见过。"

"正是因为水也能传播声音，所以花样游泳运动员**能听到水下音响播放的音乐**，做出各种动作。"

盖顿先生又学到了一个新的知识点，感到十分欣喜。

声音的传播

　　我现在可以呼吸，所以一定有空气存在，我周围还有土、木头、水这些介质，可为什么我听不到声音呢？盖顿先生正感到纳闷，又一次被音乐之神看穿了心思。

　　"你是不是**纳闷**为什么自己听不到声音啊？"

　　盖顿先生点了点头。

　　"声音是用哪个器官来感知的呢？"

　　"当然是耳朵了。"

　　"没错，耳朵包括外耳、中耳、内耳三部分。外耳包括竖起来的耳郭和延伸到鼓膜的外耳道。声波由耳郭收集后，通过外耳道将声波传递到鼓膜。"

我是声音，
我来啦。

"声音进入耳朵的通道都好复杂呀。"

"没错，外耳道里的汗毛和耳内腺体的分泌物负责阻挡外面进来的异物。声波由外耳道进入并传递至中耳，使得外耳道与中耳之间薄薄的鼓膜发生振动，并将振动传递至听小骨。听小骨由锤骨、砧骨、镫骨组成，这三块骨头相互碰撞，加大振动幅度，将振动传送到内耳。"

盖顿先生**皱紧眉头**，似乎对这个复杂的解释毫无兴趣。

人耳的工作原理
① 由耳郭收集的声波通过外耳道进入。
② 声波使鼓膜发生振动，振动传递至听小骨。
③ 耳蜗中的淋巴液振动后会刺激听觉感受器，由它产生的神经信号通过听觉神经传递至听觉中枢。

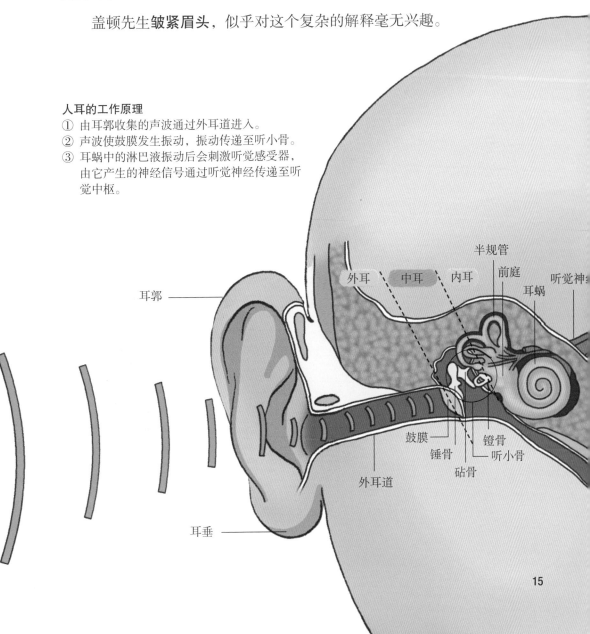

半规管
前庭
外耳　中耳　内耳
耳蜗
听觉神经
耳郭
鼓膜
锤骨
镫骨
听小骨
砧骨
外耳道
耳垂

"还没说完呢，好好听着！内耳由耳蜗、前庭、半规管构成，经过听小骨到达内耳的振动进入耳蜗，使得耳蜗中的淋巴液发生振动。淋巴液的振动刺激听觉感受器，使其产生神经信号，神经信号通过听觉神经传送至大脑的听觉中枢，你能明白吧？"

"还需要穿过内耳道吗？"

"不用，一旦**传到大脑**，我们就可以听到声音了。"

"这么复杂啊，那么内耳里为什么要有前庭和半规管呢？"

"这两个器官虽然在听声音的时候不起作用，但却是我们保持身体平衡不可缺少的器官。"

"我现在身体平衡保持得很好，所以前庭和半规管都没有问题。那么，是外耳或耳蜗出问题了吗？"盖顿先生担心耳朵，不免有些慌不择路。如果真是这样的话，可能一辈子都听不到声音了。

"你不用担心。"音乐之神似乎又一次读懂了盖顿先生的心事，一句话便让盖顿先生拾起了**希望**，"如果是耳朵出了问题，可以通过头骨来听辨。"

"头骨？头骨也可以传递声音吗？"

"是啊，把自己的声音录下来，你就会发现和平常自己听到的声音有些不一样。平常人们听自己说的话时，听到的声音是由通过空气传播的声音和通过头骨传播的声音结合而成

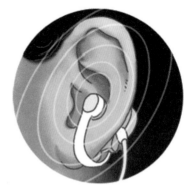

骨传导耳机，是将耳机夹在外耳上，通过头骨的震动传播声音。因此，耳朵听不到声音的人可以通过此方法听到声音。

的。录音后听到的声音，则缺少通过头骨传播的那一部分。"

"噢，原来是这样。"

"再加上通过头骨传播的声音要比通过空气传播的声音更低沉一些这一点，每个人听到的自己的声音和别人听到的他的声音，总有些不一样。"

每个人的嗓音都不同

突然，音乐之神站起身来，展开双臂，开始引吭高歌，就像声乐大师一样用高昂的嗓音发出"哦哦哦哦哦——"的声音。虽然被尊为"音乐之神"，但是他唱歌的水平却很一般。

"我歌唱的水平怎么样?"

"挺、挺好的。"盖顿先生打了个马虎眼，回答道。

"**哈哈**，人们一直夸我声音好听。你知道吗? 每个人的声音都不一样，正因如此，只要听他说话，就可以知道这个人是谁。"

"啊，是啊，我确实没有见过声音一样的人。"

"这是因为每个人的声带大小、其间进入的空气量都是不同的。声带是嗓子里面一对由声带肌、声带韧带、黏膜构成的带状薄膜，时而打开，时而闭合。当人呼吸的时候，声带会向两侧打开，空气由两声带间的裂隙——声门裂进入。那么，当人发出声音或是憋气

发声时，声门裂变窄，声带振动而发声。

声带

呼吸时，声带向两侧打开，空气由声门裂进入。

的时候，声带会怎么样呢？"

"声带间的缝隙会变小吧？"

"没错。这时，空气从肺部呼出，引起声带振动并发声。"

盖顿先生突然想起自己小时候的嗓音，和现在比，**又细又好听**。

"音乐之神，我小时候的嗓音比起现在又高又细，嗓音为什么会变呢？"

"那是因为声带的厚度和长度发生了变化。小孩子的声带很小，随着身体的成长，声带会慢慢变大、变厚，所以嗓音才会发生变化。"

"啊，这么一想，我确实是在青少年时期一下子长高了很多。体型变大了，嗓音也变了。"

"是啊，声带变化并引起嗓音发生变化的时期叫作变声期。"音乐之神补充道，"一般情况下，声带越厚越长，嗓音越低越重；声带越细越短，嗓音越高越清。"

小孩子的声带比大人的声带短且薄，所以声音高而轻。

女人的声带比男人的声带薄，所以声带的振动频率较高，声音高而细。

男人的声带比女人的声带厚而长，所以声带的振动频率较低，声音低而厚。

高音和低音

"那我们继续放松一下嗓子吧？啊啊啊啊！"

盖顿先生皱了皱眉头。

"好久没唱了，我的实力还是不减当年啊。曾几何时，我一度被称为'高音之神'，让你听听我能唱多高吧。"

音乐之神一时来了兴致，刚才还用又粗又低的声音发出"啊啊"的声音，突然间又像海豚一样发出"吱吱"的声音。

"啊，吵死了！"

音乐之神也感到难为情极了，涨红着脸，赶紧打了个圆场表明自己是想告诉盖顿先生：声音有高低之分，声音的高或低和频率有关。

"频率以赫兹为单位，是指声音在一秒之内振动的次数。'赫兹'这个单位取自德国物理学家海因里希·赫兹的名字，我和他可是老

通常女性的声带比男性的短狭，能振动得更快，振动频率更高，故声调较之男性更高。

相识。"

"嗯，我懂了。"

"一般来说，人可以听到的频率在 20—20 000 赫兹之间，其中 100—4 000 赫兹是最容易被人听到的。"

竟然听到我的脚步声了！

狗比人的听力更好，因为狗可以听到 15—80 000 赫兹范围的声音。

盖顿先生点了点头。

"有趣的是，如果频率太高或者太低的话，人类是听不到的。实际上，人类很难听到 16 赫兹以下的声音。"

盖顿先生听得**津津有味**，缠着音乐之神再给他讲一讲。

"人类听不到的高频率声音叫作超声波，听不到的低频率声音叫作次声波。有些动物却可以听到超声波和次声波：海豚能够利用超声波交流，蝙蝠利用超声波捕食，雌象则用次声波向远处的雄象发送信号。"

海豚用超声波交流、寻找食物。

蝙蝠接收反射的超声波定位猎物。

  音乐之神告诉盖顿先生，在火山喷发、地震、海啸等自然灾害发生前，会先产生次声波。所以，在这些自然灾害发生之前，听得到次声波的动物会比人类**提前知道**并逃离危险的地方。

  "次声波可以传播到很远的地方，所以远方的动物们也能接收到次声波。"

  "那要是能研究明白超声波的话，就能找出让我重新听到声音的办法吗？"盖顿先生的口气听上去就像他要立刻跑回家研究超声波似的。

"超声波早已应用于很多科学技术领域：在海底探测的时候，研究人员通过发射超声波，计算超声波返回的时间，来计算海洋的深度；医生利用超声波在肌肉、内脏器官等反射后进行成象处理，来确认胎儿的样子或器官是否有异常。但是**很遗憾**，你的问题没法用超声波来解决。"

"唉，原来是这样。"

看到盖顿先生失望的神情，音乐之神轻轻地拍了拍盖顿先生的背，推荐了他一个神奇的家用电器。这个神奇的家用电器就是超声波自动洗碗机，它通过超声波强烈地振动，清洗黏附在碗中的食物残渣。听了这番介绍，盖顿先生笑着说："虽然之前听说过，但真没想到超声波还能洗碗。"

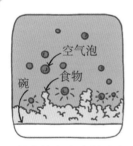

超声波在水中制造出细小的空气泡。

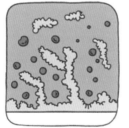

空气泡不断地冲撞饭碗，将碗和食物残渣分散开来。

超声波自动洗碗机原理
在水中发射超声波，引起水的强烈振动，这样生成的细小空气泡可以将碗洗干净。

大声和小声

"唉，我到底为什么听不到声音呢？"盖顿先生绝望极了。

音乐之神略微沉思了一下，说："你是不是只是听不到小的声音啊？"

"小的声音？我连演奏的声音都听不到……"

"哦，难道不是吗？"音乐之神嘴巴颤悠悠地动了几下，"怎么样，听到声音了吗？"

"没有……你好像只是**动了动嘴角**。"

"果然！看来你确实听不到小的声音。"

盖顿先生想还嘴说：那么小的声音谁都听不到。但他忍了下来。

"嗯哼，所谓声音的大小……"音乐之神**干咳了几声**，摆起架子来，"声音的大小与振幅有关。物体发生振动时，从振动的中心到振动传播的最大距离叫作振幅。振幅越大，声音越大；振幅越小，声音越小。"

盖顿先生觉得音乐之神说的东西太深奥，不免皱起了眉头。可音乐之神视而不见，依然继续自己的话题。

"声音的强度以分贝为计量单位，用来测定楼层间的噪声。楼上要是发出很大声音，会影响楼下居民的休息，所以要小心。总之，10分贝就像手表秒针转动一样是非常小的声音，100分贝则是像打雷一样很大的声音。"

"既然我只是听不到低分贝的声音，那把所有声音的音量提高的话，我就能听到了吗？"

听盖顿先生这么一问，音乐之神**摇了摇手指**说："不！人类一直接受 80 分贝以上的声音，耳朵会发生异常。另外，160 分贝以上的声音会给人耳带来强大的冲击，使耳膜破裂甚至丧失听觉。"

音乐之神似乎为自己的博学而感到格外自豪，脸上露出了**得意**的笑容。但是，盖顿先生却越听越生气。

"我是问你我到底为什么听不到声音！我想知道的是这个！这个！"

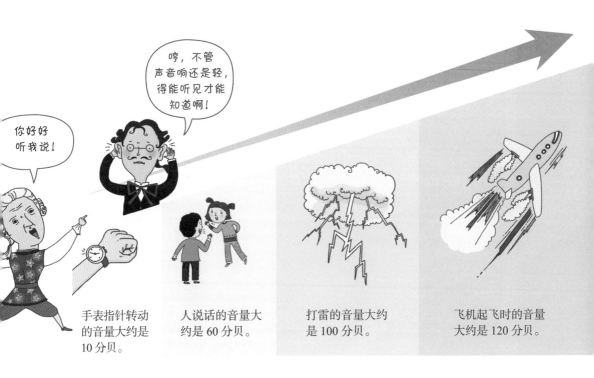

你好好听我说！

哼，不管声音响还是轻，得能听见才能知道啊！

手表指针转动的音量大约是 10 分贝。

人说话的音量大约是 60 分贝。

打雷的音量大约是 100 分贝。

飞机起飞时的音量大约是 120 分贝。

声音的折射

"我们再了解一下声音的特性，怎么样？说不定能在这个领域找到你要的答案。而且，徒弟你不是**作曲家**嘛，作曲家的话，要对声音有充分了解才行。"

"声音也有特性吗？"

"当然了，就像徒弟你性格很急躁一样，声音也有各种各样的特性。首先，声音的第一个特性：在不同介质中，传播速度不同。

"声音通过不同的介质传播，会使得其传播速度发生变化，传播方向也发生相应改变，这种现象叫作折射。

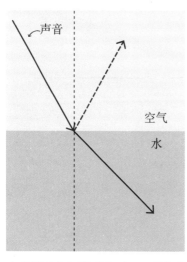

声音经过空气遇到水面，一部分声音会被反射，剩下一部分声音会向水下发生折射。

"还有，声音在热空气和冷空气中的传播速度也不同，空气越热，声音的传播速度越**快**。因此，当声音从热空气传播到冷空气时，会在冷热空气的交汇处向冷空气方向发生偏折。

"同样的道理，白天和晚上，地表温度和气温不同，所以传播到建筑物高层和低层的声音也不同。这也与白天和夜晚气温会发生变化而导致声音传播的速度不同有关。

"白天和晚上地表温度和气温有差别，白天声音会向上方折射，晚上声音会向下方折射。"

"是吗？"

"嗯，所以高层建筑的高层住户在白天更容易听到周围道路的喧嚣，低层住户在晚上更容易听到。"

"还有这种事啊！"

白天气温比地表温度更低，所以声音向上折射。

吵死了，简直没法开窗户。

嘟嘟！

晚上气温比地表温度更高，所以声音向下折射。

哎哟，到了晚上怎么更吵了！

嘟嘟！

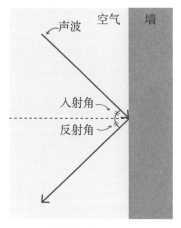

声音在同种介质中发生反射时，入射角等于反射角。

音乐之神继续道："另外，当声音遇到像墙一样无法完全通过的固体时，会发生反射。向前传播的声音与其他物体相接触，改变传播方向，这就是声音的反射。

"任何地方都会发生声音反射现象。登上山顶高声叫喊时，听到的回声就是声音与山壁相撞反射回来的声音。

"声音遇到水泥墙、金属板这样又硬又结实的物体时，大部分都会被反射回来。因此，在封闭的空间里**大声喊叫的话**，声音会被墙、天花板、地板反射，立刻传回来，我们其实能听到反射回来的声音。当然，其中也包含没被反射而直接传入耳中的声音。"

"在房间里听音乐的时候也是这样吧。"

"没错，我们在房间里听音乐的时候，会同时听到直接音和被墙或天花板反射回来的反射音。在讲堂或者演出现场听到的声音也是直接音和反射音的叠加。"音乐之神更加详细地解释，"直接音是从声音发出的地方经过最短距离直接被人耳听到的声音，反射音是声音传出一定距离后被反射回来的声音。"

"声音还会反射，真有意思。"

"但是声音不仅仅是被反射。"

"那还会怎么样呢？"盖顿先生**百思不得其解**。

"虽然声音遇到无法通过的物质时会发生反射，但也会'进入'

其中。如果有缝隙的话，它还会穿过缝隙向四处扩散。"

"声音还挺聪明呢！"

"**哈哈**，这叫作声音的透射。例如，透过围墙还是可以听到狗的叫声，在不同房间也都可以听到客厅里的电视声，这些都是声音的透射。"

盖顿先生点了点头。

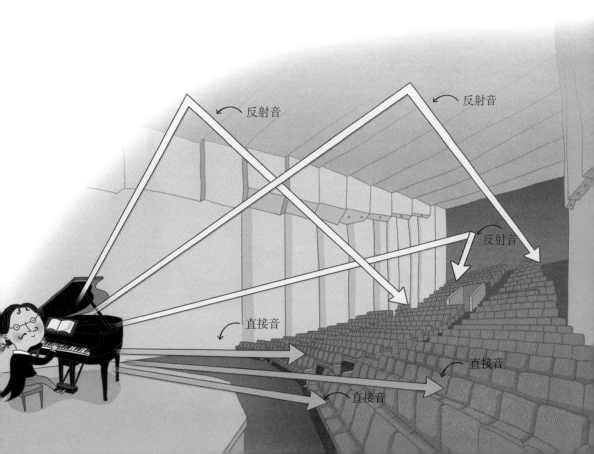

每种声音振动频率都不同

　　盖顿先生不明白自己为什么了解了声音的特性，却还是听不到声音。他在心里不停地问自己：所以呢？我究竟为什么听不到声音呢？音乐之神看出了盖顿先生的**心思**，悄悄地拿出了一样东西。

　　"这个不是音叉吗？"

　　"没错，它可以测定声音的振动频率。"

　　音乐之神说，声音都有自己固定的振动频率。每个物体都有不同的声音，正是因为物体都具有固定的振动频率。

　　事实上，盖顿先生也多次使用音叉。他在给乐器调律时，一直用的都是音叉。

　　"只要知道乐器每个特殊音的振动频率，就可以利用音叉准确地

给乐器调律就交给我音叉吧！

调律了。例如，我们假设 sol 音应该振动六次，而音叉只振动了五次，那就证明乐器的 sol 音不准。"

"这些我也知道，我整天给乐器调律。"盖顿先生**嘟着嘴**说。

"是啊，调律时，通过调节弦的松紧，让音叉的振动达到正确的振动频率。但是徒弟，你肯定不知道，你的耳朵也会共鸣。"

"什么？共鸣？"

"所谓共鸣，就是一个物体在附近振动发声时，与之具有相同振动频率的物体也一起振动发声的现象。"

"我是因为这个原因听不到声音的吗？因为一起发生振动，所以听不到声音？这根本没道理。我应该是听到更吵的声音才对啊？"盖顿先生望着振动的音叉，疑惑不解。怎么想都觉得不应该是这个原因。

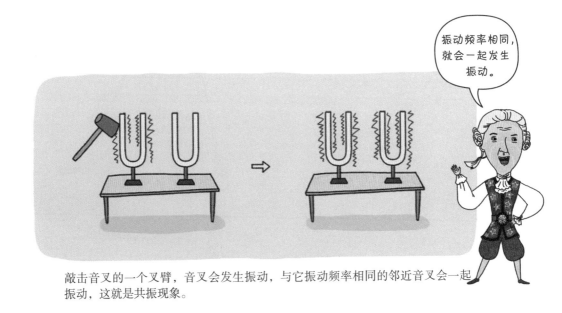

敲击音叉的一个叉臂，音叉会发生振动，与它振动频率相同的邻近音叉会一起振动，这就是共振现象。

"当与某物体振动频率相同的振动不断与该物体共振时，其振幅会越来越大，物理学中称'共振'。用此原理，人类凭借与玻璃杯振动频率相同的声波，就可以将玻璃杯打碎。"

　　正在盖顿先生心想这怎么可能，音乐之神马上又继续说："1940年，美国华盛顿州有一座大桥遭遇强风而倒塌。这座大桥不仅是被强风吹垮的，还是因为风的振动频率与桥的振动频率趋同，振动频率不断变大而引发了共振现象。"

　　盖顿先生吓得**瞠目结舌**。

　　"这起事件就告诉我们，共振现象可能会产生很大的破坏力。"

1940年，美国华盛顿州的塔库马大桥因共振现象而垮塌。从此以后，建筑家们在设计建筑物时开始考虑避免共振现象。

声音是什么呢？

声音是由物体振动产生的波。声音是通过介质传播并能被人或动物的听觉器官所感知的波动现象。振动的最高点叫作波峰，振动的最低点叫作波谷。从平衡位置到波峰或波谷的位移的绝对值叫作振幅。从一个波峰到其相邻的波峰或从一个波谷到其相邻的波谷的距离叫作波长。通过观察波的图像可以理解声波扩散的本质。

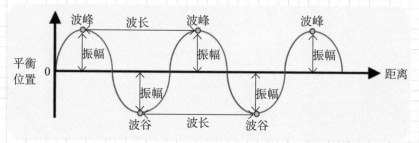

介质是什么？

声音传播需要介质，即声音通过介质被传播。介质是传递振动的桥梁。我们平常能听到声音是因为有空气，水中的花样游泳运动员能跟随音乐起舞是因为有水。这两种情况下，声音传播的介质是空气和水。

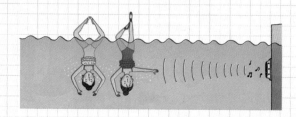

我们为什么能听到声音呢?

 声音通过空气传播,由耳郭汇集后进入外耳道,进入外耳道后,使鼓膜振动。

鼓膜振动,并将振动传递到听小骨,再到耳蜗。耳蜗中的淋巴液振动后,会刺激听觉感受器,由它产生的神经信号通过听觉神经传送给大脑,我们就能听到声音。

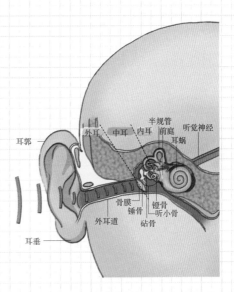

 为什么低层住户在晚上比在白天更容易听到汽车声音?

 低层住户在晚上比在白天更容易听到汽车声音是因为声音会发生折射。

介质不同,声音传播速度也不尽相同,声音通常向传播速度慢的一侧发生折射。声音还会因为介质的温度差异发生折射,介质温度越低,声音的速度越慢。在白天,气温比地表温度更低,声音向上折射;在晚上,地表温度比气温更低,声音向下折射。

因此,低层住户在晚上比在白天更容易听到汽车声音。

第 2 章

制造
美妙的
声音

拨弦的弦乐器

"听得到声音固然很重要，但现在听不到也不算什么大问题，你这么**着急**干什么？"

于是，盖顿将自己想在艾加生日那天为她演奏美妙的音乐并向她求婚的计划全盘托出。

"原来是这样。你想用什么乐器来演奏？"

"这个还没想过……"

"乐器有弦乐器、管乐器、打击乐器等多种。用弦乐器怎么样？"

"我真**不知道**用什么乐器好……"

艾加喜欢弦乐器吗？

直接问问艾加怎么样？

"弦乐器的声音随着拨弦时弦的振动频率不同而不同，与弦的松紧程度和长度也有关。"

"我知道，弦越紧，声音越高；弦越松，声音越低。想让同一根弦发出不同高低的音，要通过手指按弦的力度来调节。"

"是的，弦乐器上弦的粗细不同，音的高低也会不同。要是用同样大小的力气拨弦，**弦越粗**，振动得越慢，音调就越低；弦越细，振动得越快，音调就越高。"

 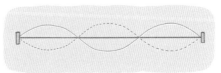

拨动粗弦时，弦振动的样子和嘴的形状较相似。

拨动细弦时，弦振动的样子像许多小嘴连在一起。

盖顿问："用吉他来演奏，怎么样呢？"

"徒弟，先别管用吉他行不行，你知道为什么吉他有个音孔吗？"

"啊，这个……我不知道……"

"弦乐器的弦很细，振动的面积太小，就只能发出很小的声音。若将琴弦固定在开有音孔的吉他琴箱上，琴弦振动发声，进入琴箱内的声音会共鸣变大，因此弦乐器的'躯干'是**中空的**。"

吉他弦

吉他琴箱是中空的，声音进入琴箱内，发出更大的声音。旋拧吉他弦，使其变紧，使吉他声音更高。

"那就不用拨弦的弦乐器，用钢琴怎么样？"

盖顿这么一问，把音乐之神**逗笑了**。

随即，音乐之神问道："你知道钢琴是弦乐器，是不是？"

"你是不是看我当上作曲家没多久，就瞧不起我啊？"

音乐之神**尴尬地**说："反正我这个人好说话，用钢琴肯定没问题。看一下钢琴的内部结构，也能知道钢琴是弦乐器。钢琴虽然不需要直接用手拨弄琴弦，但一样通过琴弦振动来发出声音。"

"我说了，这个我知道——虽然在当上作曲家之前，我确实不知道。像大提琴和小提琴这样的弦乐器都是音色柔和、有连续性的，但是钢琴可以同时发出几个音，所以看起来不太一样而已。"盖顿先生道，"即使如此，钢琴也是弦乐器，因为钢琴的内部有琴弦。"

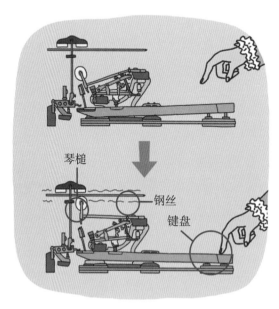

钢琴的发声原理
按动钢琴的琴键，被传动的琴槌
敲击钢丝琴弦，琴弦振动，从而
发出声音。

盖顿想要杀杀音乐之神的**威风**，他刚要坐下，打算在钢琴前演奏一曲，没想到音乐之神又抢先了一步。

"**等一下！**你不会不调整座椅高度就要演奏吧？琴凳的高度，能够影响演奏的氛围。"

"哦，似乎是这样的。"

"椅子高度适中，肩膀、手腕、手指才能够集中用力，按琴键时才能发出饱满的声音。如果琴凳太低的话，很难用力按琴键，这时钢琴的声音过轻过柔。"

盖顿**点了点头**。

钢琴
钢琴内部大约有 220 根钢丝琴弦，每根琴弦可以承重 300 千克以上，琴弦结实而紧绷。

钢琴可以通过多根琴弦发出美妙的和声！

总之钢琴是弦乐器。

吹奏的管乐器

正在此时，音乐之神突然看到盖顿仓库里的长笛，"嗷"的一声叫起来。

"我居然又见到了这么珍贵的管乐器！"

"据说这是我爷爷的爷爷的爷爷的爷爷用过的……我从很早以前就好奇，管乐器究竟是怎么发出声音的呢？它只是在空心的棍子上钻了几个孔而已啊。"

"呵呵，管乐器是通过使管内的空气振动来发出声音的。"

音乐之神亲自吹奏起来，悦耳的长笛声，响彻整个房间。

"你看，往管乐器的吹孔吹气时，气流在管内发生碰撞因而发出声音，声音在管内共鸣，通过管上的音孔发出最终的声音。"

打开水龙头，将尺子放到水流下，尺子与水流碰撞，尺子发生抖动。

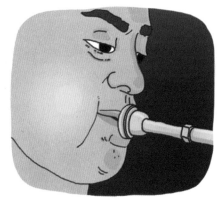

用力往管乐器的吹孔吹气时，气流在管内发生碰撞，发出声音。

音乐之神让盖顿想象打开水龙头后把尺子放在水流下面的情景。水流与尺子相碰撞，尺子抖动。同理，因吹出的气流而发出声音的乐器就是管乐器。管乐器有用金属制作的铜管乐器，也有用木头制作的木管乐器。长笛、单簧管、双簧管虽然如今用金属制作，但是在构造形态上仍属于木管乐器。

"当然，也不是所有的管乐器都是这样发声的，单簧管上有薄薄的簧片，双簧管、巴松也有。长笛和竖笛虽然没有簧片，但通过**空气的碰撞**发出声音。"

"那管乐器上的孔是什么啊？"

"它们是用来调节声音高低的音孔。"

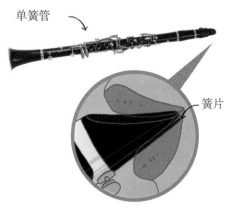

单簧管的吹口有簧片，通过气流冲击簧片而振动发声。

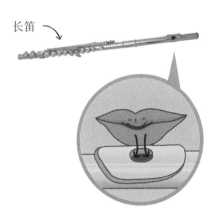

长笛的吹口没有簧片，通过气流冲击吹口的棱角处而发声。

打击乐器

"打击乐器是通过**敲打**发出声音的吧？"盖顿问。

"真是的，你看还看不明白。要么敲，要么打，通过相互撞击发出声音，明摆着的事还要问。

"鼓、三角铁、铃、锣、钹，它们全都属于打击乐器。打击乐器中的代表乐器是鼓。选定一般为圆桶形的坚固的鼓身，在它的一面或双面蒙上一块拉紧的膜，就可制成一面鼓，用鼓槌敲击鼓面即可发出声音。

"大部分打击乐器都不分音调，但是也有像定音鼓、木琴这样有音调的打击乐器。"

音乐之神话锋一转："人类从很久以前就开始使用打击乐器了。"

盖顿底气十足地说："我知道。"

"在公元前 3000 年的古代遗存中，就发现了鼓的图画，所以可

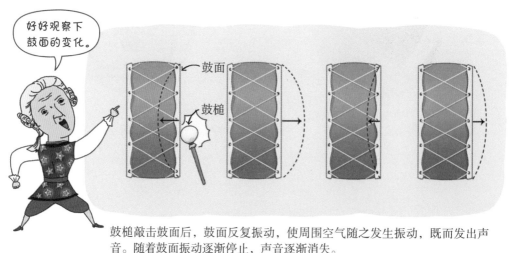

好好观察下鼓面的变化。

鼓面

鼓槌

鼓槌敲击鼓面后，鼓面反复振动，使周围空气随之发生振动，既而发出声音。随着鼓面振动逐渐停止，声音逐渐消失。

以推测，打击乐器至少在原始社会就已经开始使用了。"

"也是，打击乐器制作起来很简单，所以原始人应该也能做出来。"

"你说打击乐器制作起来很简单？"音乐之神**咂了咂舌头**，"啧啧"了两声。

振动的鼓面使空气发生共振，使烛焰晃动。

"鼓是遵循精密的原理制作而成的。敲击鼓面，鼓面会反复振动并发声是吧？鼓面振动使得周围的空气跟着振动，发出声音。"音乐之神说，"如果想证明击鼓时空气在振动，可以在鼓边上放一根蜡烛。"

"敲鼓时在旁边放一根点燃的蜡烛，观察烛焰的变化。轻轻敲击时，烛焰轻轻晃动；用力敲击时，烛焰晃动剧烈。"

盖顿"**啪啪**"鼓起掌来，他发现音乐之神真是神通广大，什么都懂。

"盖顿，你知道四物游戏用的乐器吗？"

"当然了，四物游戏用大锣、小锣、长鼓和鼓来表演。四种打击乐器的节奏融为一体，演绎出欢快美妙的旋律，庆祝全村丰收。"

音乐之神至此才感到与盖顿有了共同语言，脸上露出会心的笑容。

四物游戏仅由打击乐器构成。

小锣

长鼓

鼓

大锣

欢快的交响乐

音乐之神打开了广播，刚好广播中正在播放交响乐。

"我特别喜欢交响乐，听着各种乐器和谐地演奏乐章，就会觉得幸福得**不得了**。"

音乐之神闭上眼睛，欣赏起音乐来。

"那么喜欢啊？你是音乐之神，交响乐应该都快听腻了吧。"

"交响乐可是百听不厌的。徒弟你应该知道，交响乐要使用很多种乐器，许多种独具特色的乐器配合，一起打造出美妙和谐的旋律，怎么会腻呢。"音乐之神**眨了眨眼睛**，笑了，"你对交响乐了解多少呢？"

"我虽然只是初级作曲家和指挥家，但对交响乐，我还是很了解的。交响乐是包含多个乐章的大型管弦乐曲。最具代表性的是现代交响管弦乐队，由演奏管乐器、弦乐器、打击乐器的60—120名乐手组成。"

"噢，不愧是音乐家。'交响乐'这个词来自于希腊语，是指古代希腊剧场上，舞者和乐手演出时舞台前方的圆形部分。狭义的交响乐主要由弦乐器演奏，后来又加上木管乐器和打击乐器等现代乐器合奏。那个时期，每种弦乐器至少有两名演奏者，规模比现在小很多。"

"我听说17—18世纪的交响乐团只有二十名乐手演奏，19世纪

比起我差远了，不过演奏架势不错。

交响乐永远这么引人入胜。

在交响乐演奏中，管乐器、弦乐器、打击乐器乐手随指挥的指示，一起演奏动听的旋律。

以后，管乐器迎来了黄金时代，乐手的数量有所增加，也加入了许多新的乐器。"

音乐之神听了，欣慰地拍了拍盖顿的肩膀："关于交响乐，我不用再教你什么了。19世纪以后，人们更倾向于大规模的交响乐团，还增加了许多音响设备，组成了一百人左右的大规模交响乐团。但是1920年左右开始，又开始倾向于室内小规模合奏。"

"原来是这样。"

音乐之神转而告诉盖顿先生：在创作交响乐曲时，要考虑每种乐器特有的声音——音色——来创作音乐。

"例如，钢琴的sol音和单簧管的sol音虽然音高一致，但是听起来感觉截然不同呢。"

"都是演奏同样的音，为什么不同乐器的声音不一样呢？"

"这就是因为音色不同。每种乐器的音色都不同，是因为产生声音的振动形态不尽相同。对于弦乐器来说，每种乐器的弦长度不同，不同长短的弦振动的形态也不同。"

"弦变长的话，音色应该会变得不一样吧？"

"没错。实际上，天气变热，弦乐器的弦就会变长，音也会变

将一根绳子剪成长短不同的两部分。将它们固定在墙上，上下晃动。
这样就可以看出，两根线的振动情况完全不同。

低。而管乐器在天气变热时，管器内空气振动的速度变快，音就会变高。"

"怪不得音乐厅内要保持稳定的室内温度。"

"当然，只有特别敏感的人才能察觉温度的变化对乐器声音的影响。为了能够进行**完美**的演出，还是要好好地保养乐器。"

"嗯。看来，就算我曲子写得再好，如果乐器状态不好的话，也演出不好啊。"

音乐之神大声回答说："**没错**。"

啊，好热！

今天的音好低啊。

是因为天气太热才这样吗？

交响乐团在安排座位时，一般把弦乐组安排在最前，而管乐组在后。因为弦乐组演奏乐曲的核心部分，所以放在前面，管乐组放在弦乐组的后面，可以与弦乐组更好地和声。

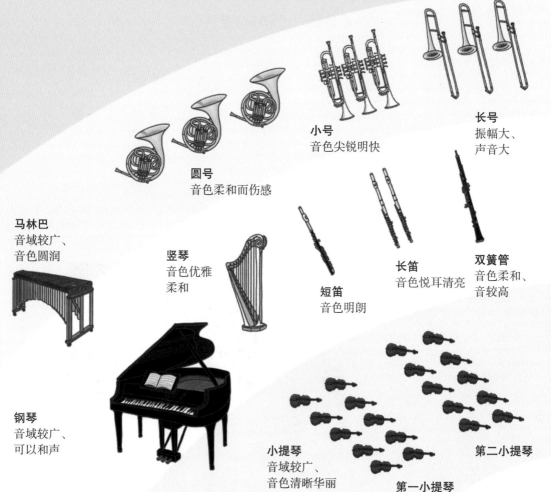

小号
音色尖锐明快

长号
振幅大、
声音大

圆号
音色柔和而伤感

马林巴
音域较广、
音色圆润

竖琴
音色优雅
柔和

短笛
音色明朗

长笛
音色悦耳清亮

双簧管
音色柔和、
音较高

钢琴
音域较广、
可以和声

小提琴
音域较广、
音色清晰华丽

第二小提琴

第一小提琴

50

指挥

打击乐组声音较大，所以被安排在后面。打击乐组中，定音鼓音程较大，可以使得管乐组的音效更加丰富。音色最丰富的钢琴与各种乐器相融合，演绎出清晰透明的声音。

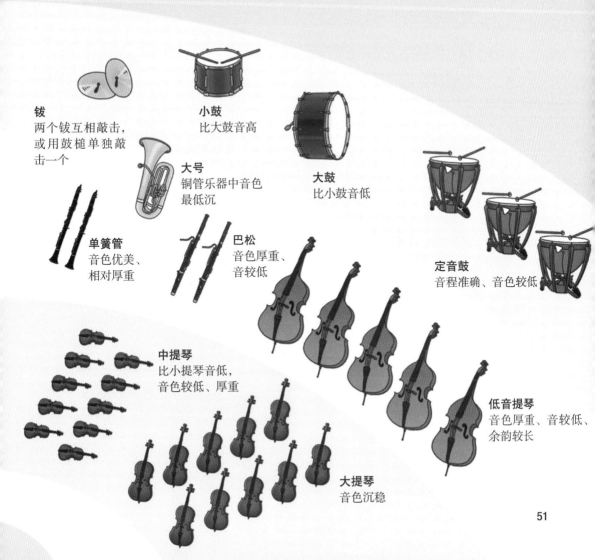

钹
两个钹互相敲击，
或用鼓槌单独敲
击一个

小鼓
比大鼓音高

大号
铜管乐器中音色
最低沉

大鼓
比小鼓音低

单簧管
音色优美、
相对厚重

巴松
音色厚重、
音较低

定音鼓
音程准确、音色较低

中提琴
比小提琴音低，
音色较低、厚重

低音提琴
音色厚重、音较低、
余韵较长

大提琴
音色沉稳

51

欣赏音乐的场所

"各种乐器共同演奏的音乐总是让我觉得很幸福——话说回来,徒弟,你知道吗?要想让音乐听起来更激昂,需要好好利用声音的各种性质。这就是为什么中世纪的人们把剧场的屋顶或者露天剧场制作成圆形的。"

"建成圆形有什么好处呢?"

"圆形构造可以让声音连续反射,使其更好地扩散。"

"以前没有扩音器或是音响设施,所以圆形构造十分重要。像今

圆形屋顶可以使声音连续反射,更好地扩散。

天这样的高科技时代，应该就没那么重要了。"

"嗤，看来你还是不知道欣赏音乐的场所有多么重要。为了让声音听起来更大更清晰，先人们做了很多研究。"音乐之神说着，拿出了一张古代剧场的照片。

"看，古代人在斜坡上建剧场。因为地面倾斜，可以防止声音向四面八方无规则地扩散。"

"太不容易了，那时候也不像现在可以用机器。"但其实盖顿并不觉得这有什么了不起的。

"以前剧场的构造和设计方式沿用至今，所以如今剧场的大部分座席距离地面都有 20°以上的倾斜。"

"啊，是啊，剧场的地面都是倾斜的。"

法国阿尔勒的古代剧场座席倾斜，回声很响。

在浴室大声叫喊，声音与墙面、地板等相撞，和反射回来的声音一起被听到，声音更响。

"这样的结构可以制造回声，让座位上的观众听到的声音更加稳定。"

"回声是什么啊？"

"回声是指声音在传播的过程中声波的反射引起的重复。有回声的话，声音更响，传播范围也更广。你想想在浴室里大声喊叫，声音会怎么样？"

"声音特别响。"

"交响乐的演出场地也都最大限度地利用回声来设计。"

"看来演出场地从图纸设计就要**考虑**声音啊。"

"当然。为了让声音更好地反射，墙壁采用混凝土或者石头来搭建，而且建筑物的内部空间要小、天花板要高，还要多放一些雕像

德国柏林爱乐音乐厅的天花板设置了装饰物，使声音向各个方向反射，音乐厅回声作用强烈。

剧院在设计时，要保证让声音能够更好地被反射。

这个剧院考虑了回声时间。

德国多特蒙德音乐厅的墙面凹凸不平，以此调节回声时间。

之类的装饰物，这样声音才能向各个方向反射。回声大了，听众就会有被激昂的音乐完全包围的感觉。"

"嗯？那在陡峭的斜坡上建设倾斜的剧场不就可以了吗？"

听了盖顿的话，音乐之神皱了皱眉头。

"不行，并不是回声越大越好，还要考虑回声消失的时间，这段时间叫作回声时间。如果不能适当地调节回声时间，声音要么回荡过长，要么不等留下余韵就消失了。"

"啊，真复杂啊！"

"剧场的地面上经常铺着地毯，椅子、门、墙上贴有凹凸不平的吸音材料，都是为了防止回声时间过长。"

"我还以为这么做是为了让地面更柔软舒适呢。"

"呵呵，使用这些吸音材料，是为了吸收一部分回声，使人们听到适当的回声。"

留住声音的留声机

手柄

"突然好想听音乐。"音乐之神突然陷入了沉思。

盖顿呆呆地问他想听什么音乐，音乐之神回答说想听自己谱写的《F大调第十七弦乐四重奏》。

"我的天啊，又没录下来，这可怎么听啊?"

留声机

这台机器的金属筒横向固定在支架上，它的表面刻着纹路，跟小曲柄相连。金属筒旁边是一个粗金属管，它的底膜中心有一根针头，正对着金属筒的槽纹。锡箔下面的金属筒上有槽纹，随着歌声起伏，唱针会在锡箔上刻出深浅不同的槽纹。当唱针沿着槽纹重复振动时，就发出了原来的声音。

"是啊，我曾经想过能不能把声音记录下来，想听的时候就听。后来，经过反复的研究，才发明出可以储存声音的机器。"

爱迪生

听到音乐了吧?

天啊，听到音乐了!

可能是有人在后面演奏!

没有人在后面演奏!是声音被录制下来，通过留声机播放出来了!

"哎，不会吧，你不会是说1877年爱迪生发明的留声机是你音乐之神发明的吧?"

"呵，信不信随你，爱迪生好像是看到我制造的机器才获得灵感的。"

"怎么可能⋯⋯"

"怎么不可能? 说实话，爱迪生发明的留声机根本不如我发明的那台。他那留声机里用的锡箔太薄了，很容易断掉，发出的声音也特别小。

"后来，随着留声机的不断发展，逐渐转变成现代的留声机，甚至还出现了可以随时录音随时听的录音机。哈哈，我对这个领域很感兴趣。"

盖顿**不自然地**笑了笑。

音乐之神说："随着留声机的发展，人们的生活发生了巨大的变化。在这之前，要想听演奏，就得召集很多演奏者。有了留声机后，无论什么时间、无论在什么地方，想听多少次，都可以轻易实现。

"像时间一样一去不复返的声音，现在可以像照片一样被永久地保存了。

"之后，录音技术得到进一步突破，人们开始用磁带录音。

留声机

磁性录音机
利用钢线或钢带的剩磁性
质录音的装置。

盒式磁带
塑料录音带的表面铺满了
磁性粉末，以记录声音乃
至图像和数字信号。

随身听
放入录音带即可录制或播放
声音的便携装置。

"虽然你对那方面也有所了解，但一定不比我知道得更详细。徒弟，你知道最早的磁性录音机是什么时候发明的吗？"

"这、这个呀……"

"是 1898 年，丹麦工程师普尔森发明了磁性录音机，为磁带录音技术打下了基础。但是普尔森最初发明的这个录音机，录下音乐的音质非常不好，加上录音一个小时需要好几千米的钢线，很难在日常应用。"

"那为什么要发明这么**累人**的东西呢？"

"失败乃成功之母。随着磁性录音机的问世，磁带应运而生。在塑料录音带上铺满磁性粉末，就可以用磁带录音了。"音乐之神补充说，"20 世纪 50 年代的电台音乐节目里，盒式磁带已经代替了留声机。到 20 世纪 60 年代末，录有音乐的盒式磁带开始在美国和英国的家庭中普遍使用。"

"我也知道盒式磁带，我还知道是一家日本企业造出了一种便于携带的录音装置——随身听，风靡全世界。"

音乐之神**满意地**笑了笑说："到了20 世纪 90 年代，电子技术进一步发展，CD 随身听和 MP3 便诞生了。

"CD 随身听播光盘，MP3 只播MP3 文件，都十分方便。我们现在使用的录音笔内置的内存卡体积很小，录音很方便。"盖顿一脸很懂的样子，让音乐之神立刻**板起了脸来**。

"我也知道。"

"对了，用盒式磁带录音的话，想要找到需要的部分得从头到尾全部听一遍。可是用录音笔录音的话，每按一次录音按钮都会单独存储一个文件，所以查找起来非常方便，这点音乐之神知道吗？"

"当然知道了，但是根据录音笔内存卡的大小，录音的量也是有限制的。"

盖顿倒吸一口气。别看他穿的衣服很古老，竟然连最新的知识都知道。盖顿先生感觉音乐之神确实是神人。

CD 随身听
放入 CD 光盘即可播放音乐的装置。

便携式 MP3
可以播放音频文件的装置，载入音频文件即可听音乐。

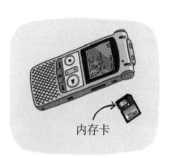

内存卡

录音笔
放入内存卡即可录音或播放的装置。

传达声音的电话

　　就在盖顿和音乐之神聊得正起劲时，电话"丁零零"响了起来，是艾加打来的电话。当然，盖顿因为听不到，所以不知道来电话了。听到电话铃，音乐之神吓得瞪大了眼睛。

　　"这是什么？"

　　"这个吗？是移动电话。天啊！有五个艾加的未接来电。"

　　"移动电话？就是电话？电话能将说话声转变成**电子信号**传往另一端，再将电子信号变回说话声，电话是可以使相距甚远的双方实现通话的机器。"

　　"是啊。"

　　"你知道最早发明电话的人吧？是一位名叫亚历山大·格拉汉姆·贝尔的科学家，电话铃声的英文单词'bell'也来自贝尔的姓氏。"

亚历山大·格拉汉姆·贝尔
他发明了电话机，一生致力于聋哑人语言教育事业。

"这我当然知道了。"盖顿理所当然似的**点了点头**说。

"虽然现在贝尔作为电话发明者名扬四海，但是在发明电话的时候，贝尔只是想要发明电话的几位发明家中的一位而已，这你知道吗？贝尔有一个竞争者叫作伊莱沙·格雷，很多人认为，格雷抢先贝尔一步发明出了电话。"

"**啊？是吗？**"

"是啊，那时格雷已经发明了利用金属板、电线发送信号的一些重要装置，但是他没有信心将电话商品化。而且，贝尔又提前几个小时拿到了发明电话的专利，所以贝尔成了最初发明电话的人。"

"原来是这样……"盖顿**应差事似的**点了点头。

这时，音乐之神又开始炫耀起来："你来猜猜，贝尔和格雷是如何想到要制造电话的呢？"

"是为什么？"

伊莱沙·格雷
对电信很感兴趣，发明了许多电信产品，如电报的存储转发器、电传打字电报机、继电机等等。

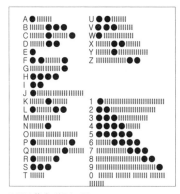
国际莫尔斯电码

莫尔斯码电报机

"多亏了莫尔斯电码。莫尔斯电码是由美国画家兼发明家萨缪尔·莫尔斯发明的，莫尔斯电码通过不同的排列顺序来表达不同的英文字母、数字和标点符号。我们可以利用符号将文字传送到远方。"

"用符号传达？怎么传达？"

看到盖顿很感兴趣，音乐之神**兴致勃勃**地讲了起来："如果想用莫尔斯电码表示'SOS'的话，就在莫尔斯码电报机上短按三下'滴'，再长按三次'嗒'就可以了。利用莫尔斯码电报机，使用莫尔斯电码表示文字和符号，再将其转化为电子信号就可以传输了。除此之外，你觉得还需要什么？"

"嗯……电线？"

"没错，传播莫尔斯电码还需要电线。不过，要想发送和接收莫尔斯电码，还要去大城市的电信局才行，很不方便。"

"天啊！"

"所以，为了在战场上迅速传递消息，军队会铺设很多电线。美国在南北战争后，电线增加了五倍之多，使用莫尔斯电码的人也增加了许多。"

"但是，要是不懂莫尔斯电码的话，岂不是就没办法传达消息了?"

"没错。不懂莫尔斯电码，不仅发不了消息，而且也理解不了接收到的消息，**非常繁琐**。所以，人们希望能够更加便捷地传播消息。"

"伊莱沙·格雷为了弥补莫尔斯电码的这种缺点，偶然间想到了直接使用电子信号来传达声音的方法。"

"他是怎么做的呢?"

"格雷在装满水的浴缸中放入了由两个电路构成的电子装置。他发现使其中一个回路发生振动，发出的声波会传达到另一个回路上。"

"光听着都头痛，格雷真是太**厉害**了。"

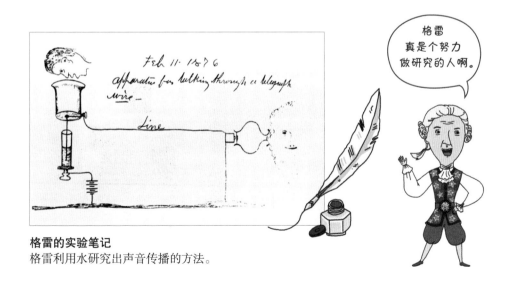

格雷的实验笔记
格雷利用水研究出声音传播的方法。

贝尔的实验笔记

音乐之神根本没有回应盖顿先生的话，继续解释道："那时，贝尔也在研究声音，贝尔对人的声音很感兴趣。有一天，贝尔听到自己制造的振动板由于振动而发出了声音。"

"他肯定吓了一跳吧。"

"是啊，估计魂都吓飞了。"

音乐之神将贝尔与其助手沃森之间的对话娓娓道来：

贝尔将沃森叫过来，询问沃森的工作进展，沃森回答说自己把振动板粘到了电磁铁上，说着用手指头敲了一下振动板。

听了沃森的话，贝尔想：利用振动板和电磁铁，或许可以将声音转变为电流来传播。

"所以他就发明了电话吗？"

"对，贝尔经过长时间的研究，完成了设计图和设计报告的撰写，于1876年2月14日获得了专利。后来，在1876年3月10日，他成功实现了世界上首次电话通话。你猜，第一次打电话时，贝尔对沃森说了什么？"

"喂？"盖顿吐了吐舌头，做

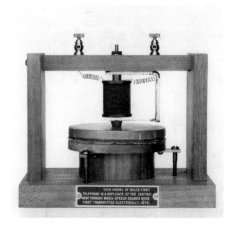
贝尔发明的世界上第一台电话
贝尔发明了将声音的振动转变为电子信号并传输的电话，并公之于世。

了个鬼脸，调皮地笑了。

"哈哈哈！贝尔对沃森说：'沃森，你过来一下。'在另一个房间的沃森通过接收装置听到了贝尔的声音。"

"那个时候格雷在做什么啊？"

"格雷也在进行自己的研究。虽然格雷首先想到了发明电话这件事，但是他的专利申请书提交得比贝尔晚，因此与电话发明者这一荣誉失之交臂。"

"竟然是这样，他一定很伤心。"盖顿不由自主地咂了咂舌头，为格雷惋惜。

本章要点
回顾

为什么钢琴是弦乐器?

根据乐器发声方式的不同，乐器分为弦乐器、打击乐器和管乐器。弦乐器是通过拨弦振动发声的乐器，打击乐器是通过鼓槌敲击乐器发声的乐器，管乐器是通过向长长的管子内部吹气使空气振动发声的乐器。

演奏钢琴虽然是按动琴键，但实际上是通过琴弦的振动发出声音的。在钢琴内部，琴键连接着被传动的琴槌，按键时琴槌敲击钢丝琴弦，因此钢琴本质是通过弦的振动发出声音的弦乐器。

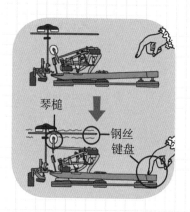

琴槌

钢丝
键盘

单簧管是如何发出声音的?

单簧管是管乐器。管乐器通过向长长的管子内部吹气使空气振动而发出声音。

用嘴咬住单簧管的吹口吹入空气，气流冲击簧片，发出声音。单簧管音色优美，音域范围广，在演奏中起着重要的作用。

簧片

鼓是如何发出声音的?

　　鼓是打击乐器。打击乐器通过击打或敲击发出声音。在坚固的且一般为圆桶形的鼓身的一面或双面蒙上一块拉紧的膜就可以制成一面鼓,用鼓槌敲击鼓面发出声音。鼓槌敲击鼓面后,鼓面反复振动,并使周围空气产生振动,发出声音。

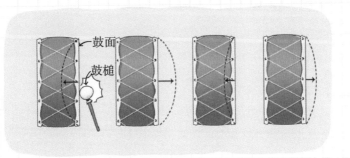

如何使用莫尔斯电码发送"SOS 信号"?

　　莫尔斯电码通过不同的排列顺序来表达不同的英文字母、数字和标点符号。通过莫尔斯电码和莫尔斯码电报机可以将想要发送的内容发送到远方。"SOS 信号"是由代表"S"和"O"的莫尔斯电码连接而成的。国际莫尔斯电码中"滴"是三个点,"嗒"是三根线,因此可以通过莫尔斯码电报机来传送"SOS"的莫尔斯电码图形。

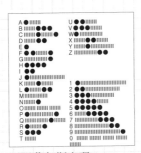

国际莫尔斯电码

莫尔斯码电报机

第 3 章

形影不离的
数学与音乐

音乐和数学情同手足

"话说回来，徒弟！七乘以八等于多少？"音乐之神**突然**问道。

"当然是五十六了，你把我当什么了。"盖顿先生觉得音乐之神简直**不可理喻**，回答他道。

"要想成为优秀的音乐家，数学一定要好，所以我才考你的。"

"音乐和数学一点关系都没有。"盖顿先生很不屑地说，"数学是一门既无聊又让人头疼的学问，而音乐却是柔和、亲切的象征，数学和音乐摆明了一点关系都没有！"

毕达哥拉斯

世界上所有的事物都可以用数字表示，音乐也可以用数学来说明！

"呵呵，看来你是成不了优秀的音乐家了。"

"音乐家根本没有必要学好数学啊？"

"那可不是。很久以前，我那个时代的音乐家们就为了作曲而解出很多数学题。我们的乐曲里都藏着数学公式。"

听到这儿，盖顿先生掩饰住自己的惊讶，装作若无其事的样子。

音乐之神看了便**指责**盖顿先生太令他失望。

"你知道毕达哥拉斯吗？"

"你说的是数学家毕达哥拉斯吗？"

"没错，正是毕达哥拉斯说世界上的一切都可以用数字来表示。"

"哼，那怎么可能？"盖顿先生用**轻蔑**的语气说。

"数学和音乐有着非常紧密的关系。在音乐中计算音程——也就是音高不同的两个音之间的距离时，就需要数学。"

"什么？"盖顿先生歪着脑袋，百思不得其解。

"毕达哥拉斯是第一个用数学来表示音程的人。他发现，弦乐器弦的长短不同，发出的音也不同。"

"弦的长度不同，音当然不同了。"盖顿先生**满腹不满**地说。

似乎是担心辩论不过盖顿先生，音乐之神虎眼圆睁，怒视着他反驳道："毕达哥拉斯在很久以前就发现了这个规律，流传到现在，才成了众所周知的事实，所以我们会认为这是理所当然的！"

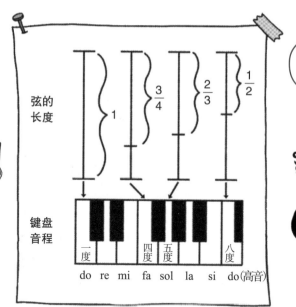

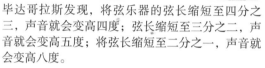

毕达哥拉斯发现，将弦乐器的弦长缩短至四分之三，声音就会变高四度；弦长缩短至三分之二，声音就会变高五度；将弦长缩短至二分之一，声音就会变高八度。

　　说完，音乐之神又恢复了平静，继续道："拉小提琴或是弹吉他的时候，得按住弦的特定位置以调节弦的长短使声音变化，不是吗？要发出想要的音，就必须计算按哪里、计算长短，这些都是数学！"

　　盖顿先生似懂非懂地**摆了摆**脑袋。

　　"毕达哥拉斯认为，音可以用数学中的分数表示，就是将整体分成部分时使用的那个分数。"

　　"所以他认为乐器发出不同的音，就相当于把弦乐器的弦长分割，用分数来表示，对吧？"

　　"没错！就是这样的。把完整的弦看作一，减少一半就是二分之一，再减少一半就是四分之一……用这种方法调节弦的长度，是不是可以制造出三分之二，也可以制造出四分之三呢？"

"当然了，想要什么长度都可以。"

"毕达哥拉斯利用这个原理发现了弦越短、音越高的事实。我们熟知的 do、re、mi、fa、sol、la、si 的七声音阶就是毕达哥拉斯依此发明的。"

盖顿先生得知发明七声音阶的不是著名的音乐家或作曲家，而是数学家，**震惊极了**。

"不仅如此，毕达哥拉斯还发现，当两个音的长度比为 2:1、3:2、4:3 时，和声最为和谐。

"这点有些不太好理解，不过你还是好好听一下。通过平均律和纯律，也可以理解音乐和数学之间有多么密切的关系。毕达哥拉斯在调律时，采用下面这个比例……"

音乐之神开始在纸上写起分数来：

$1, \frac{256}{243}, \frac{9}{8}, \frac{32}{27}, \frac{81}{64}, \frac{4}{3}$ ……

盖顿先生感觉自己脑袋都要炸了，眼前到处都是密密麻麻的分数，顿时仿佛天旋地转、胃里翻江倒海一般。

"这、这是什么？"

"计算这些分数后，得出的长度就是调节乐器弦长度的调音法。"

"256 除以 243 得 1.05349794……所以将弦的长度调到这么长就可以了。"

盖顿先生心想：要给钢琴调律，看来得拿一摞纸，先算数学题才行。

音符中隐藏的数学

"你还记得我刚才说的，发声时音叉会跟着振动吗？"

盖顿先生**用力地**点了点头。

"那么，下面我来给你说说，音的高低和振动频率有什么关系。"

盖顿先生想说不用告诉他。因为这其中如果还有数学题的话，脑袋肯定又要**疼**了。但音乐之神立刻开始讲了起来。

"我们所知道的 do 这个音，是空气 1 秒振动 264 次所发出的音，也就是 264 赫兹。Re 的振动频率比 do 大 $\frac{9}{8}$ 倍，是空气 1 秒振动 297 次发出的音；mi 的振动频率比 do 大 $\frac{81}{64}$ 倍，是空气 1 秒振动 334 次发出的音。"

"声音的振动频率越高，音就越高。"

"对，音高和振动频率是成比例的，差一个八度的两个音在振动频率上相差两倍。八度是指与一个音相差八度的音，高音 do 与低音 do 之间就差一个八度。"

"因为高音 do 的振动频率是低音 do 的两倍，所以高音 do 使空气 1 秒振动 528 次。"

"对了，你知道吗？钢琴可以发出交响乐中使用到的所有乐器的高音和低音。钢琴琴键有 88 个，最低音是 la，比低音大提琴发出的最低音还要低；最高音是 do，近于短笛发出的最高音。"

盖顿先生**渐渐**听得**入了迷**，音乐之神是迄今为止第一个这么仔细地给自己讲解数学和音乐之间关系的人。

声音的黄金比例

音乐之神开始弹起钢琴来。这时，盖顿先生也想演奏那曲献给艾加的乐章。虽然听不到声音，可哪怕练习一下也好。于是，盖顿先生开始拉起了小提琴。

音乐之神立刻堵住双耳，**大叫道**："吵死了！"

盖顿先生吓了一跳，立刻停止了小提琴演奏。音乐之神重新**陶醉**在自己演奏的音乐声中，脸上写满了惬意和祥和。

"并不是所有乐器合奏都能发出好听的和声。"

"有的音在多种乐器合奏时，相互交融，可以发出美妙的音色。

这就是让人产生美感的比例。

比例始终保持在1:1.618。

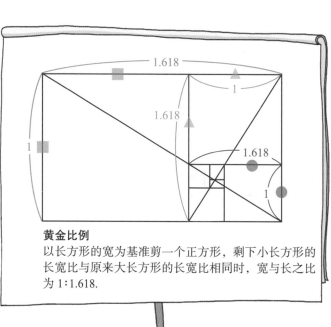

黄金比例
以长方形的宽为基准剪一个正方形，剩下小长方形的长宽比与原来大长方形的长宽比相同时，宽与长之比为 1:1.618.

有的音用某种乐器独奏听起来十分美妙，但加上其他乐器合奏时，却不太和谐。"音乐之神说，"这是因为不符合乐器声音的黄金比例，所以合奏时不和谐。"

"黄金比例？"

"是啊，黄金比例大约是 1∶1.618。"

"这不是指看上去最好看的比例吗？"

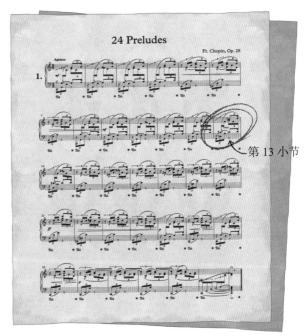

肖邦的《C 大调前奏曲》(*Prelude, Op.28, No.1*)

"是的，但黄金比例也同样适用于肉眼看不到的声音上。例如，肖邦的《C 大调前奏曲》共由 34 个小节组成。在第 13 小节处和声的连接发生了很大的变化，全部 34 个小节在这处按照 13∶21 切分正好是黄金比例 1∶1.618，所以这首曲子完全符合黄金比例。"

"哇，真是太厉害了。"

"当我们聆听符合黄金比例的音乐时，会感受到动人的旋律和美妙的情感。那些赫赫有名的音乐家，如莫扎特、巴赫、亨德尔等，他们的音乐中都隐藏着黄金比例。"

盖顿先生越来越觉得音乐家是如此了不起，期待着有朝一日自己也会谱写出非常动人的曲子。

声音与速度

　　盖顿先生聚精会神地听着听着，终是累得一屁股坐在了椅子上。但他一不小心碰到了遥控器，随即电视被打开了。正巧这时，电视里正在直播田径比赛，运动员们都站在起跑线前。

　　"砰！"

　　发令枪一响，运动员们**一窝蜂地**冲了出去。

　　"你知道吗？枪声实际上是放置在跑道上的音箱中发出来的。"

　　"咦，怎么可能？"

　　"哎哟，原来徒弟你是真的不知道啊。这是为了让选手们不受声音传播速度的影响，才在跑道上放置音箱的。"

砰！

田径比赛中发号施令的枪响是从跑道上放置好的音箱中发出的。

枪声实际上是从音箱发出的，太难为情了。

盖顿先生半信半疑地瞪着两只大眼睛。

"看来你的确不知道。在室温下，声音每秒可以传播 340 米。换句话说，声音发出的时候，在声源 340 米以外的人要在声音发出一秒之后才能听到。"

"怪不得！在一侧发号施令，离发令点最远的运动员最晚听到枪声，这样肯定对他的起跑不利。"

"没错，所以起跑线上的每名运动员身后都放有音箱，这样所有的运动员都可以同时听到发令枪响。"

盖顿先生觉得神奇极了，听得更加**起劲**了。

"另外，声音的速度会随着气温改变发生变化。20 ℃ 时，声音每秒传播 343.7 米；在 0 ℃ 时，传播速度就会下降到 331.5 米 / 秒。以此类推，气温每上升 1 ℃，其传播速度增加 0.61 米 / 秒；气温每下降 1 ℃，声音的传播速度减少 0.61 米 / 秒。"音乐之神补充道，"空气中声音的传播速度等于 331.5 加上 0.61 乘以摄氏温度后的和。"于是，他让盖顿先生计算一下当温度为 5 ℃ 时，声音的传播速度是多少。

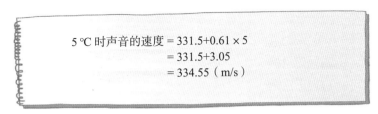

$$5\,℃\ 时声音的速度 = 331.5 + 0.61 \times 5$$
$$= 331.5 + 3.05$$
$$= 334.55\ (m/s)$$

"气温为 5 ℃ 的时候，声音每秒传播 334.55 米。总之，温度越高，声音的传播速度越快。"

音乐之神点了点头，夸奖盖顿先生算得不错。

**本章要点
回顾**

Re 的振动频率是多少赫兹？

　　要想知道 re 的振动频率，首先要知道音高与振动频率成正比这一事实。Re 比 do 音更高，所以振动频率更大。Do 的振动频率是 264 赫兹，re 的振动频率比 do 大 $\frac{9}{8}$ 倍。由此可计算 264 乘以 $\frac{9}{8}$，得 297，即 re 的振动频率是 297 赫兹。

如果肖邦的《C 大调前奏曲》共由 34 个小节组成，哪个小节符合黄金比例呢？

　　黄金比例为 1 : 1.618，共 34 个小节的话，黄金比例小节的位置可以通过如下公式计算：

　　34 × 1/（1+1.618）= 34 × 1/2.618 ≈ 12.99

　　因此，这首曲子的黄金分割点应为第 13 小节。而实际上，肖邦的《C 大调前奏曲》也确实是在第 13 小节的位置上，和声的连接出现了很大变化。

第 13 小节

如果气温在 0 ℃ 时，声音的速度为 331.5 米 / 秒。那么气温在 30 ℃ 时，声音的速度是多少呢？

要想计算声音的速度，首先要知道声音通过空气传播时的速度随气温变化的公式。气温在 0 ℃ 时，声音的速度为 331.5 米 / 秒。气温每上升 1 ℃，声音的速度加快 0.61 米 / 秒，即公式为：

空气中声音的速度 =331.5+（0.61 × 气温）

利用此公式，求当气温为 30 ℃ 时，声音的速度：

空气中声音的速度 =331.5+（0.61 × 气温）

=331.5+（0.61×30）

=349.8（m/s）

即，气温为 30 ℃ 时，声音的传播速度为 349.8 米 / 秒。

 光和声音哪个更快？

 要想知道光和声音哪个更快，在雷暴时观察，很容易就可以知道答案。或者回想一下：打雷时，是不是先出现闪电，然后才听到雷声？而不会先听到轰隆隆的雷声，然后才出现闪电。由此可知，我们先看见光，然后才会听见声音。虽然声音的传播速度大约为 340 米 / 秒，已经很快了，但光的传播速度比声音大约快九十万倍，每秒可以传播约 3 亿米。由此可见，当然是光比声音快。

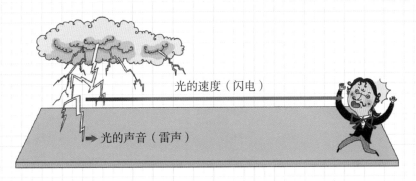

光的速度（闪电）

光的声音（雷声）

第 4 章

生活中的
声音

悦耳的声音和刺耳的声音

终于，艾加的生日到了。

虽然盖顿先生还是听不到声音，但在音乐之神的帮助下，他全身心投入，努力创作音乐，终是创作出了那首要献给艾加的、用来表达爱慕之情的"美妙乐曲"。在和乐手们一起登上舞台、拿起指挥棒的那一瞬间，盖顿先生激动极了。

"艾加听到音乐该多开心啊。"

音乐之神看着盖顿先生，**嗤嗤地**笑了。突然，盖顿先生和音乐之神四目相对，音乐之神立即收起了笑容，若无其事地板起脸来。盖顿先生虽然觉得有些尴尬，但还是开始了指挥，乐手们跟随着指挥演奏起来。

咔！咣！哐！

随着演奏的持续，艾加的表情越来越凝重，盖顿先生却全然不觉，全神贯注地指挥着。想到艾加正在欣赏这美妙的音乐，脸上不由得露出了会心的微笑。

"艾加听到这首曲子，一定会接受我的心意吧？我要让艾加成为世界上最幸福的女人。"

听不到声音的盖顿满心以为当前正在上演一场美妙的音乐演奏，但事实并非如此。乐手们面无表情地完成了演奏，窃窃私语起来。

浑然不知的盖顿先生**满怀欣喜**地走向艾加。

"盖顿，这就是你对我的真心？"

"没错！"

听了盖顿先生的回答，**泪水**在艾加的眼眶里打起了转儿。

"有这么感动吗？"毫无察觉的盖顿先生问道。

"我讨厌你！"

艾加**哭着跑了出去**。盖顿先生紧跟着也追了出去，但没有追上她。

盖顿先生哭丧着脸向音乐之神问道："艾加到底为什么会那样呢？

"呵呵，大概是心情不好吧。"

"你还笑！听了音乐会，怎么可能心情不好呢？"

"声音能让人幸福，也能让人不悦。用指甲划黑板发出的声音固然不响，但却非常刺耳。这种让人不悦的声音就叫作噪音。"

"是吗？"

"徒弟你刚才演奏的就都是噪音。"

自己费了好几天工夫辛辛苦苦创作出的音乐，竟然被说成是噪音，盖顿先生简直要**气晕了**。

"徒弟，音乐这个东西，要让听的人感到幸福才行。音乐是拍子、节奏、音色的有机结合、和谐统一而创作出的美妙声音。所以听音乐的时候，才能感到心情的平静和愉悦，也才会产生兴致。"

"你是说我的音乐不和谐吗？那现在怎么办呢？我该怎么做，才能挽回艾加的心呢？"

"我自有办法，你先别急。"

"嘁，什么主意？反正我的音乐会搞砸了，你得负责。"

"知道了，知道了。"

盖顿先生好不容易**平复下心情**，调整好呼吸。音乐之神才开口让盖顿先生试想一下：许多人在一起练习演奏的时候，他们的和声不准，乐器各管各地响。马上，盖顿先生脑海里仿佛听到了嘈杂、撕裂般尖锐的声音，别提有多刺耳了。

"刚才，我的音乐是那样的吗？"

音乐之神点了点头，接着给盖顿先生讲起了音乐家的故事。

多亏了研究音乐和谱写音乐的音乐家们，我们才能有幸听到美妙的音乐。其中，海顿、莫扎特、贝多芬和肖邦都是独具特色、十分具有影响力的作曲家。

海顿（1732—1809）

海顿是奥地利作曲家，被誉为"交响乐之父"，一生创作了一百多首交响乐、近八十首弦乐四重奏等古典主义音乐。

海顿出生于奥地利南部的一个小村庄，父亲是一位工匠。五岁时，在身为教会乐师的亲戚那里接受音乐教育。1740年，加入童声合唱团，但后来因为变声期时嗓音发生变化而退出合唱团。十九年后，海顿成为伯爵家中的音乐主管。1761年起，为亲王效力直至1790年，在将近三十年的时间里，始终任宫廷乐师。

在任宫廷乐师期间，海顿创作了很多交响乐、弦乐四重奏和歌剧等。1781年完成的《第四十二弦乐四重奏（俄罗斯）》是真正以奏鸣曲形式写成的。这首曲子极大地影响了莫扎特，正是海顿和莫扎特共同将古典主义风格推向巅峰。

莫扎特（1756—1791）

莫扎特同海顿一样，也是奥地利作曲家，同时是维也纳古典乐派的代表人物之一。他吸纳各种音乐体裁，形成了自己独具一格的音乐特色。

莫扎特生于奥地利萨尔茨堡，从小便展示出音乐天才。他四岁开始接受钢琴教育，五岁开始创作小规模的曲目小调，从七岁开始游历西欧各地三年——这段经历给莫扎特的创作带来极为深刻的影响。旅行途中，九岁的莫扎特在英国伦敦完成了《降 E 大调第一交响曲》。

莫扎特在维也纳创作了众多交响乐和弦乐四重奏。与海顿的作品一起，两人确立了维也纳古典乐派。莫扎特于 1785 年与海顿结识，从此在音乐创作方面互相取长补短。18 世纪 80 年代后期，莫扎特创作的歌剧《费加罗的婚礼》《唐璜》等作品，取得了巨大的成功。

虽然莫扎特年仅三十五岁就去世了，身为作曲家的莫扎特却留下了众多耳熟能详的优秀作品。

贝多芬（1770—1827）

贝多芬，德国作曲家。他重视深邃的情感，被誉为浪漫主义音乐的先驱，音乐风格热情奔放。

贝多芬出生于当时科隆选侯国波恩的一个贫穷家庭，父亲是宫廷唱诗班的一位歌手。他四岁起就在父亲的严格训练下接受音乐教育，八岁就能够演奏钢琴协奏曲。

1787 年，贝多芬在奥地利维也纳与莫扎特相识，更增强了他对音乐的信念。同年，母亲离世，标志着贝多芬的人格正式走向成熟。1792 年，贝多芬曾在奥地利维也纳短暂地跟随海顿学习作曲。他一边接受海顿的影响创作音乐，一边谱写出许多独具个人特色的音乐作品，最终形成了属于自己的独特音乐风格。

19 世纪初，贝多芬创作颇丰。虽然此时的他逐渐丧失听觉，但他克服困难，没有停止音乐创作。这一时期，他创作出了《英雄交响曲》《命运交响曲》《田园交响曲》《合唱交响曲》等许多伟大的作品。

此后，贝多芬也没有停止创作活动。这一时期的作品虽然较前期稍显颓势，但依然表现出贝多芬深沉的内心世界，带给人莫名的感动。

肖邦，波兰作曲家、钢琴家，被誉为"钢琴诗人"。

肖邦出生于波兰的热亚佐瓦沃拉，他从六岁起正式学习钢琴，八岁在一次慈善音乐会上首次登台演奏。

肖邦为其祖国创作的《A大调波兰舞曲（军队）》尤使他名声远扬。

肖邦于 1829 年在维也纳举

肖邦（1810—1849）

办了两次音乐会，并于 1832 年在巴黎举办了一次演奏会，均大获好评。在法国巴黎，作为演奏家和音乐教师的肖邦以优雅的礼仪、整洁的穿衣风格、特有的感性，广受赞扬。这一时期，肖邦进行了大量的创作活动，为后世留下了两百余首钢琴曲。

肖邦在钢琴演奏中开创了新的演奏法。他利用踏板调节音色，通过手腕和胳膊柔韧的移动，创作出宛如歌唱般的钢琴旋律。此外，他以细腻的情感形成了他独创的音乐体裁——夜曲。

1849 年，肖邦因病去世。他以卓越的想象力和细腻的情感创造出许多经典的作品，众多练习曲也为钢琴的演奏技法带来了极为深远的影响。

音乐带来的感动

"话说回来，艾加现在肯定非常生气，我约她看场电影好不好？这样她是不是会消消气？"

"看电影好像不太行……"

音乐之神让盖顿先生想象了一下看电影听不到声音是什么感觉。

"是哦，电影要有声音才有趣。看电影的时候，有时会被情节所感动，有时**紧张**得心惊胆战，还有时会被吓得**毛骨悚然**，全都靠画面和每个情境中声音效果的搭配。"

"没错，拍电影的时候，电影演员的声音和周围的声音都要一起录制。最早还有过无声电影时期，播放时画面旁边需要有人朗读剧本或者人声模拟音效。"

"啊！我见过那种跟随电影内容进行讲解的讲解员，讲解员是男性，但是女演员出镜的时候很快就会变成女声。"

"呵呵，对，以前是那样的。随着技术的发展，出现了带声音的有声电影，演员的声音和场景音效就都可以出现在电影里。"

"我也能模仿玻璃碎掉的效果音！噼里啪啦！"

听到盖顿先生发出的玻璃碎声，音乐之神哈哈大笑起来。

"现在技术发达，可以很轻松地用电脑制作音效。以前为了制作出雷声，要敲击金属板；为了制作鸟类羽毛抖动的声音，要抖动纸；为了制作出雨声，要将米粒洒在玻璃板上。"

盖顿先生皱了皱眉头，光想想就觉得很繁琐。

"再繁琐也不能没有声音，因为声音可以让电影更加真实。你现在除了说话声，别的什么声音都听不到，就算看电影也会像嚼蜡一样索然无味。"

盖顿先生听后，绝望地跌坐在椅子里。

靠声音监测健康

音乐会搞砸了以后，艾加再也没有联系过盖顿先生，盖顿先生的脸色逐渐暗淡和苍白起来。

"你没事吧？是不是生病了？你可得好好照顾自己啊，只有这样，才能夺回艾加的心，不是吗？"

音乐之神借题说起了声音还可以告知我们的健康状态。

"人体会发出很多声音，比如人健康的时候嗓音清亮又明晰，而身体疲惫或是感冒的时候嗓音就会**沙哑**。"

"在医院里，医生把听诊器贴在胸口或是背上，就是在听声音吧？"

"对，通过听体内发出的声音来判断病人的健康状态就叫听诊。第一个进行听诊的医生是希波克拉底。"

请深呼吸。

医生通过听心脏跳动的声音、呼吸时空气进出的声音来诊断。

"天啊，希波克拉底不是古代的人吗？"

"是啊，他把耳朵贴在患者身上，通过听声音来诊断。将希波克拉底的方法改良后制造出来的，就是今天我们所使用的听诊器。"

"但具体是怎么通过听诊来判断健康与否的呢？"

"如果是健康的人，心脏的心房在收缩和舒张时可以听到连续的心跳声。通过听这个声音的间隔，医生可以判断身体状态的好坏。"

"嘿，比想象的**简单**多了。"

"中医也十分重视人体发出的声音。中医大夫将手指按在患者的脉搏上，以此诊断患者的病情。"

我先给你把个脉，不要太紧张。

中医大夫通过给患者把脉来判断病情因。

"哇，好神奇。"

盖顿先生为眼前这位连中医都知道的音乐之神所折服。

"心脏的声音和内脏器官的声音都很小，如果不集中注意力是很难听到的，所以需要利用很多机器放大，才能进行诊断。现在还有放在孕妇肚子上，可以听胎儿心跳声音的机器。"

盖顿先生刚要点头，突然转而问道："那我的身体状态怎么样啊？"

"你现在得了非常严重的病，这个病就是……"

盖顿先生**满脸恐惧**，全神贯注起来。这时，音乐之神压低了声音说：

"相思病！"

原来可以通过声音来了解胎儿的健康状态啊。

胎心监测仪
可以通过 B 超画面看到胎儿的样子。通过耳机，可以听到胎儿心脏跳动的声音。

"相思病吗？那不是因为思念某个人而得的心病吗？"

音乐之神点了点头说："声音不仅能看肉体上的毛病还能治心病。

"徒弟，欣赏一段美妙的音乐，你的相思病会立刻好起来的。"

"那我也得能听得到声音才行啊，我得先赶快把听不到声音的原因找出来。"

音乐之神根本没有理会盖顿先生说的话，继续说："瑞士精神科医生尤金·布鲁勒采用音乐疗法为自闭症患儿治疗，结果这些自我封闭在个人世界里的孩子们一点点起了**变化**。他们表现出希望通过音乐感受和表达情感的意愿。"

"看来音乐对治疗自闭症很有效。"

"布鲁勒提出的音乐疗法是让患者反复聆听某段音乐，让患者自行改编歌词演唱；或者让他们根据不同的心情聆听不同的音乐，以此来进行心理干预。"

"原来是这样，我在郁闷的时候听些**轻快的**音乐，心情就会变好，所以我很喜欢音乐。"

"聆听使人愉快的音乐时，我们的大脑会分泌一种叫作 β-内啡

肽的激素，它会缓解痛苦和压力，使我们心情变好。听音乐还会使大脑分泌多巴胺，给血压、心率、呼吸带来正面影响，所以音乐可以'治病'。"

"那要听多久，病才能好啊？"

"音乐疗法不会立竿见影，这点与吃药或打针这些快速治愈疾病的方法不同。但是如果坚持的话，会一点一点好起来的。"音乐之神说，"音乐疗法不仅用来治疗心理疾病，还广泛应用于治疗患有癌症或特殊疾病的患者。

"音乐真是**必不可少啊！**"

音乐之神还讲到了音乐治疗师这一职业。音乐治疗师在精神病院、地区健康中心、青少年治疗中心、毒品或酒精戒断中心等医疗机构与患者们一起弹奏乐器、唱歌，为患者播放音乐，以此为患者治疗。

通过声音寻找物体

　　盖顿先生为了挽回艾加的心，再三思考之后，买了一个十分漂亮的戒指回来。

　　"看到这么漂亮的戒指，艾加该消气了吧？"

　　话音刚落，盖顿先生一不小心把手里的戒指掉到了地上。戒指**轱辘轱辘**，不知道滚到哪里去了。

　　"别担心，我用声音把它给你找回来。"

　　"什么？用声音找东西吗？"

　　"对，我这儿有利用声音寻找物体的声呐。声呐是利用海豚捕猎的原理开发而成的。海豚用额头发射超声波，用下巴两侧感知超

声波。海豚先发射超声波，超声波碰到鱼群后反射，海豚接受反射回来的超声波后就能确定鱼群位置，以此方法进行狩猎。"音乐之神说，"以前，渔夫也会通过听水中的声音来抓鱼。将穿孔的竹子放在水中，通过竹子来感知鱼群的移动，听声音来捕鱼。"

"但是，你真的用声音找到过东西吗？"盖顿先生满腹疑团地问道。

"你听说过'泰坦尼克'号吗？"

"听说过，不就是那艘**又大又豪华**的船吗？"

"'泰坦尼克'号在 1912 年是当时最大的一艘船，可是在纽芬兰海岸附近与冰山相撞后沉没了。这次沉船事故导致 1 500 多人遇难。人们为找到沉没于海底的'泰坦尼克'号而利用了声呐，然后通过声音找到了'泰坦尼克'号。"

"哇，声音的用途真广啊。"

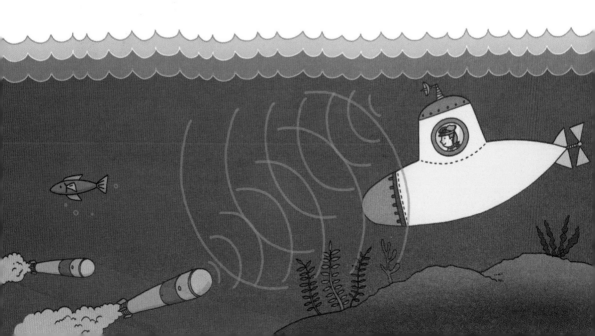

终于找回了声音

  盖顿先生一直沉浸在对艾加的思念中，这时，艾加发来了一条短信：

  如果你真的爱我，就再创作一首新的曲子吧。

  盖顿先生因为艾加的短信**激动万分**，他下定决心要再给艾加创作一首曲子。

  就在盖顿先生冥思苦想如何找回声音之时，音乐之神问："你在想什么呢，这么认真？"

  "我在无声的世界里过了几天，感触很多。生活中没有声音，简直太没劲、太无聊了。"

  "当然了。"

  "美妙的声音变成音乐，这样的音乐才会让人们变得幸福。不只是艾加，我想创作出让每个人都幸福的曲子。这是我成为一名优秀

的作曲家应尽的职责！"

听了盖顿先生的话，音乐之神嘿嘿一笑："你现在才知道你的职责所在啊，徒弟！你以后要创造出许许多多美妙的音乐，人们才会因为你的音乐感到快乐和幸福。我相信你一定能做到的，因为你是我引以为荣的继承人！"

"什么？"

顿时，盖顿先生突然想起了爷爷的爷爷的爷爷的……再往前几辈的爷爷就是一位音乐家。

"那么音乐之神你就是……"

"没错！我该做的事情都做完了，我该走了。我帮你把耳朵里的魔术棉花拿出来。这样，你就可以尽情地聆听所有的声音了。"

音乐之神把堵在盖顿先生耳朵里的棉花"噗"的一下拿出来，刹那间消失得无影无踪。就在盖顿先生神情恍惚之时，过去几天一点也听不到的声音，仿佛像开玩笑一般，又清晰地传回到了耳朵里。

"啊，老祖宗，我不会辜负您的期望，我一定会创作美妙的音乐！首先，就从献给艾加的音乐开始。"

盖顿先生的嘴角荡起灿烂的微笑。

**本章要点
回顾**

噪音和乐音的区别是什么？

噪音是让听者感到不悦的声音。噪音即使很小，也会让人听起来很不舒服。相反，乐音可以让人感到快乐。噪音和乐音的区别在于声音是否和谐。乐音是拍子、节奏、音色等和谐统一、有机结合的美妙声音。因此，听音乐时，内心会变得平静、愉悦。

可以通过声音了解健康状况吗？

人们可以通过体内的各种声音来判断健康状况。例如，可以通过嗓音来了解是否健康。人在健康时嗓音清晰、洪亮，但在身体疲劳或感冒时嗓音则会变哑。如果想更仔细地了解健康状况，要使用听诊器。在医院，医生将听诊器贴在患者的胸口或背上，通过听身体里的声音来把握患者的健康状况。中医大夫用手来把脉，也是通过感受患者体内的声音来判断患者的健康状况。

古典音乐是什么?

　　古典音乐是指西方采用传统作曲方法和演奏方式创作的音乐。狭义的古典音乐是指从作曲家巴赫去世的 18 世纪 50 年代开始,延续大约八十年的古典主义时期的音乐,以贝多芬的去世为结束标志。因为相比之前的巴洛克时期和之后的浪漫主义时期,古典主义音乐具有十分严谨的特点,因而被称为古典主义时期。

　　古典主义时期追求单纯明快的音乐和声,比起声乐,器乐更受欢迎。这个时期还催生了奏鸣曲体裁以及交响乐、协奏曲、弦乐重奏曲等新的器乐演奏形式。

如何用声音寻找物体?

　　如果想用声音寻找物体,首先要向物体可能存在的方向发射超声波,测定超声波遇到物体后返回的角度和时间。利用测定的数值可以计算出与物体的距离,用测定超声波返回的角度和已得出的与物体的距离进行计算,就可以找回物体。

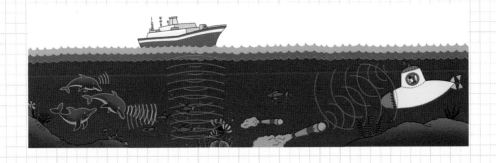

核心术语

固体
桌子、钟表、镜子、橡皮等具有一定形状和体积且不会轻易变形的物体。固体被移动到其他容器中，形状不会改变，可以用手抓到、用眼睛看到。生活中也有形状可变的固体，如麦芽糖、橡胶等。

介质
传播波状运动的物质，如气体、液体、固体等。

反射
在两种物质分界面上改变传播方向，又返回原来物质中的现象。

细胞
生物体基本的结构和功能单位。

奏鸣曲
是由一件独奏乐器或由一件独奏乐器与钢琴合奏的器乐套曲。

液体
像水、牛奶、酱油等具有一定的体积但不具有一定的形状，根据容器不同会发生形状变化、会流淌的物质。液体不能用手抓住，但可以用眼睛看到。

八度
在音乐中，相邻的音组中相同音名的两个音，包括变化音级，称为八度。低音 do 和高音 do 即相差一个八度。

音色
声音的品质叫作音色。音色反映了每个物体发出的声音特有品质。

音程

指两个音级在音高上的相互关系，即两个音在音高上的距离，其单位为度。

前奏曲

前奏曲本为组曲之前的器乐引子，后逐渐变成一种独立的音乐体裁。

超声波

指人听不到的频率在 20 000 赫兹以上的声音。

弹性体

对其施加外力，体积和形状会发生改变，除去外力则恢复原状的材料。

肺

位于胸腔，是人体的呼吸器官，左右各一。

激素

由体内的内分泌细胞直接合成，调节各种组织细胞的代谢活动以影响人体生理活动的化学信息物质。

和声

两个或两个以上不同的音按一个的法则同时发声而构成的音响组合。

琴弓

演奏小提琴、大提琴等弦乐器时所使用的乐器附件。

折射

光从一种透明介质斜射入另一种透明介质时，传播方向一般会发生变化。

图书在版编目（CIP）数据

寻找声音 /（韩）徐智云,（韩）赵显学著;（韩）林惠景绘;
张雨晴译. 一上海：上海科学技术文献出版社，2021
（百读不厌的科学小故事）
ISBN 978-7-5439-8198-0

Ⅰ.①寻… Ⅱ.①徐… ②赵… ③林…④张… Ⅲ.①声
学—少儿读物 Ⅳ.① O42-49

中国版本图书馆 CIP 数据核字 (2020) 第 199403 号

Original Korean language edition was first published in 2015
under the title of 소리를 찾아라! - 틈만 나면 보고 싶은 융합과학 이야기
by DONG-A PUBLISHING
Text copyright © 2015 by Seo Ji-weon, Cho Seon-hak
Illustration copyright © 2015 by Lim Hye-kyung
All rights reserved

Simplified Chinese translation copyright © 2020 Shanghai Scientific & Technological Literature Press
This edition is published by arrangement with DONG-A PUBLISHING through Pauline Kim Agency,
Seoul, Korea.

图字：09-2016-379

选题策划：张　树
责任编辑：王　珺　黄婉清
封面设计：徐　利

寻 找 声 音
XUNZHAO SHENGYIN

[韩]具本哲　主编　[韩]徐智云　[韩]赵显学　著　[韩]林惠景　绘　张雨晴　译
出版发行：上海科学技术文献出版社
地　　址：上海市长乐路 746 号
邮政编码：200040
经　　销：全国新华书店
印　　刷：昆山市亭林印刷有限责任公司
开　　本：720mm×1000mm　1/16
印　　张：7.25
版　　次：2021 年 1 月第 1 版　2021 年 1 月第 1 次印刷
书　　号：ISBN 978-7-5439-8198-0
定　　价：38.00 元
http://www.sstlp.com